目　录

序　言

停下脚步！看看周围，你正被各种各样的发明包围着，这些发明使你的生活更安全、更便捷、更精彩、更丰富、更有趣。

你家里就有很多使生活得以改善的发明，比如中央供暖系统、冲水马桶以及可以观看数百个频道的电视。在户外，你可以乘坐小汽车、公共汽车或者火车去旅行，更快捷。与此同时，飞机从你头顶呼啸而过，将人们运送到世界各地。智能手机、平板电脑等数字化设备，能让你与世界上任何地方的任何人交流。如果你受伤或者生病了，配备有多项发明成果的高科技医院能让你恢复健康。

但事情并非一直如此，我们的生活是怎样发展成为现在的样子呢？这本书将是你的时间旅行指南，它从现在的时代开始回溯过去，一直到人类科技发展之初。你将越来越深入地探索历史，到达每一项发明出现之前的时代。

做好准备，翻过这一页，回到过去。

智能手机和卫星

　　和现在相比，智能手机和卫星出现之前的日常生活是如此不同。人们要和远方的朋友联系时会写长信，而不是用社交媒体应用程序给他快速发送信息。人们想看电影娱乐一下，就会从商店租影碟，而不是将影片传到智能手机或电视上。如果没有事先约定好时间和地点，在没有短信和即时消息的过去，人们可能会错过和朋友的会面。虽然在离家很远的地方也能打电话，但只能使用电话亭。在一个新的地方找路时，要靠地图或向陌生人询问。

发明：手机

　　第一部手持移动电话是在 20 世纪 70 年代发明的，能将语音通话转换成无线电波，在雷达发射机之间进行传播。摩托罗拉 DynaTAC 8000X 在 1983 年率先上市，售卖价格为 3995 美元。这部手机高 33 厘米，重量约为现在使用的手机的 10 倍，而电池的电量仅能支撑 30 分钟通话，而后就得进行充电。

智能手机

　　20 世纪 90 年代，手机变得更为智能，增加了触摸屏、电子邮件和网站浏览器等功能。1992 年，美国电子工程师弗兰克·卡诺瓦（Frank Canova）开发出首款智能手机西蒙（Simon）。15 年后，苹果公司发布了第一款苹果手机（iPhone），比第一款安卓智能手机早一年。现在世界范围内苹果和安卓智能手机的使用量超过 31 亿部。

应用程序

2008 年，苹果系统和安卓系统都开设了智能手机商店，在这里用户可以下载游戏和应用程序。智能手机用户使用视频流和 Instagram（照片墙）、Twitter（推特）、Facebook（脸书）等社交媒体应用程序，和朋友联系起来更快、更简便，还能即时分享信息、照片及视频。

空间卫星

1957 年，第一颗人造地球卫星"斯普特尼克一号"发射升空。这颗形如沙滩球的金属球体，绕地球运行了约 3 个月。目前，有 1800 多颗卫星在围绕地球运行，它们执行的任务非常有用，例如将电视和电话信号从地球的一个地方传送到另一个地方。还有大量的卫星协同工作，如全球定位系统（GPS），为智能手机、智能手表或汽车卫星导航系统中的 GPS 接收器提供地图和导航。

DNA 分析

　　"咔嚓！" DNA（脱氧核糖核酸）分析技术出现前，在犯罪现场会有警方的摄影师拍照取证。如果你也是一名在犯罪现场的警察，就要和其他同事一起把利于调查取证的物品装进袋子里，还要在一些物品表面撒上专用粉末来提取指纹，以确定谁曾来过犯罪现场。但如果罪犯戴了手套或现场有许多不同的指纹，要侦破案件会很困难。

发现：生命编码

　　关于生物外观和生命机能运作方式的信息以 DNA 长链形式储存在细胞中。如果把人的一个细胞的 DNA 展开，竟然约有 1.7 米长！ 1953 年，借助罗莎琳德·富兰克林（Rosalind Franklin）拍摄的 X 射线照片，詹姆斯·沃森（James Watson）和弗朗西斯·克里克（Francis Crick）首次发现人类 DNA 的结构。

发明： DNA指纹分析

　　尽管每个人的 DNA 都是相似的，但其中也有关键性的不同。1984 年，英国科学家亚历克·杰弗里斯（Alec Jeffreys）发明了 DNA 指纹分析技术（也就是后来的 DNA 分析）。他发现依据 DNA 的独特组成序列，可以判断某份 DNA 样本属于谁。这项技术使技术人员在实验室里从一小滴血或几个皮肤细胞中分析 DNA 成为可能。

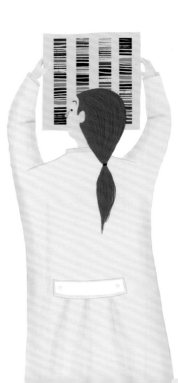

用于破案

　　起初，DNA 分析技术只用于证明人们是否有血缘关系。1987 年，该技术首次成功地协助侦破了英国的一起谋杀案，犯罪现场的 DNA 与从犯罪嫌疑人身上提取的样本相匹配。现在，DNA 样本通常是用棉签从口腔内提取的。

"DNA"侦探

　　如今警察总会在犯罪现场寻找 DNA 样本。即使是一根头发或一点唾液也是至关重要的。他们仔细梳理现场，避免污染样本，收集多个样本，并与计算机数据库中成千上万的样本进行比较，试图找到与之匹配的样本。

之前的生活
万维网

在万维网出现之前，你只有拿到正确的书，才能获取想要的信息。如果父母或家中的书都无法解答你的问题，那就需要去图书馆了。你要梳理、查阅大量的书、杂志和报纸来寻找相应的答案，这可要花费一些时间。即便家里有那种早期的家用计算机，那时也没有网站或搜索引擎。研究人员、记者和其他信息工作者经常会花费数天时间在专业图书馆里寻找关键数据资料。

发明者：蒂姆·伯纳斯·李（出生于1955年）

1980年，英国程序员蒂姆·伯纳斯·李（Tim Berners-Lee）在瑞士的一个科技中心编写了一个叫查询（ENQUIRE）的程序，这个程序可用来追踪人和项目。伯纳斯·李的程序使用了信息片段间的超链接。点击一个超链接会连接到另一条信息上。在1989—1990年，他开发了一个全球性查询程序，被称为万维网。

第一个网站（http://info.cern.ch）在1991年8月上线。

网站

网站是存储在计算机上的文件的集合，也被称为网页服务器。每一个网页都有独特的统一资源定位系统（URL）。所有网页都是用超文本标记语言（HTML）标记的，因而任何计算机都能通过因特网（Internet）访问网页。

信息的繁荣

　　万维网起步缓慢，截至 1993 年 6 月，全世界仅有 130 个网站。随着上网的人数越来越多，网站数量猛增到 1999 年的 1700 万个，现在已超过 8 亿个。包括报纸和百科全书在内的许多网站，包含大量以前只有在纸上才能看到的有用信息。现在人们可以在世界任何地方快速访问和共享信息。

发明：搜索引擎

　　随着网站数量激增，会出现难以找到所需信息的问题。搜索引擎就是用来解决这一问题的程序，它能从数百万个网页中搜索出想要的内容。1989 年，加拿大麦吉尔大学（McGill University）的学生发明了第一个搜索引擎"阿奇（Archie）"。1995 年，美国计算机专业的学生谢尔盖·布林（Sergey Brin）和拉里·佩奇（Larry Page）开始研发"网络爬虫（Backrub）"搜索引擎，后来他们将其更名为"谷歌（Google）"。现在谷歌每天处理的搜索可达数十亿次。

数码相机

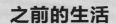

在数码相机出现前，拍照是件开心的事情吗？要拿着笨重的胶卷相机，每拍一张还要算算成本。这种相机能把光线聚焦到涂有感光化学物质的胶卷上，一卷胶卷有 12 张、24 张或 36 张底片。拍好照片的胶卷要拿到照相馆经过化学处理和打印，才能看到呈现在相纸上的照片，这通常需要苦苦等上几天或几周。如果自己有暗房，就可以在暗房中冲洗黑白胶卷，需要先用化学试剂冲洗每一张底片再打印出来，这是个很耗时的工作。

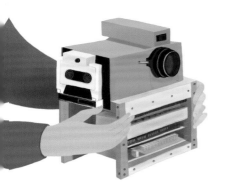

完美的像素

电荷耦合器件被分割成一个个被称为像素的小方格。每个像素测量到达它的光线的颜色和亮度，并将这些测量值转换成数字。这些数字随后在相机内进行处理，并存储为可以在计算机上查看的图像文件。第一台 CCD 相机只能记录 1 万像素，现在的相机可记录 2000 万甚至更多的像素，拍出的照片更加清晰。

发明：数码相机

1975 年，伊士曼柯达公司的工程师史蒂夫·沙逊（Steve Sassoon）研发了第一台便捷式数码相机。这台相机使用了一种叫电荷耦合器件（CCD）的硅片，不再用之前的胶卷。重量差不多能达到 4 千克，约为现在使用的小型相机的 20 倍。它需要 23 秒才能把一张小的黑白照片记录到相机内置的磁带上。

数字化

数码相机在 20 世纪 90 年代末开始流行起来。照片拍好后可以在相机屏幕上立即查看，还能快速地删掉不想要的照片。随着存储卡容量越来越大，用一部数码相机可以拍数千张照片。据估计，现在全世界每天会拍摄 37 亿张数码照片。

手机摄像头

从 21 世纪开始，手机拥有了数码相机的功能，第一部可以拍摄照片的手机是 2000 年上市的"夏普 J-SH04"。这款手机仅能保存 20 张照片，所以要把照片下载在计算机上留存。现代智能手机可以拍下数千张高质量的照片或大量视频，许多新闻故事和事件也是用手机相机记录下来的。从手表到无人机，各种设备都可以内置微型数码相机。

个人计算机

20 世纪 30—40 年代，人们家中或办公室里还没有计算机。几乎所有的信息都记录储存在纸上——难以想象得有多大一个纸堆。所有的文件都必须手写或用打字机打出来，然后归档并存储在巨大的档案室里。寻找特定的信件或报告，需要花费大量时间。

早期的计算机

第一批计算机，例如美国的埃尼阿克（ENIAC）和德国的 Z 系列（Z series），仅供军队和科学家使用。它们体型庞大，需要几个房间容纳。当计算机开始计算时，内部的数千根电子管发挥着转换器的作用。给这些机器编写程序要用上几天，有时还需重新给计算机手动接线。

发明者：格雷丝·霍珀（1906—1992）

在编译器（一种将人们可理解的指令转化为计算机能执行的命令的程序）出现之前，计算机的编程速度很慢。1952 年，编程领域的先驱格雷丝·霍珀（Grace Hopper）带领团队发明了世界上第一个编译器——A-0 系统。1955—1959 年，她还为商业计算机开发出第一套程序语言——FLOW-MATIC。

微型技术

计算机中的电子管体积较大，需要消耗大量的能量，而且有时会出故障。1947 年，美国贝尔实验室的一支研究团队成功研发出晶体管。此后，体积更小且更为可靠的晶体管取代了电子管。随着技术的进步，晶体管变得越来越小，最后可以被蚀刻在比人的指甲还小的硅片上。1971 年，英特尔公司的特德·霍夫（Ted Hoff）及其同事共同研发了第一款微处理器，它是集成在单个硅片上的完整计算系统。

大众的计算机

晶体管和微处理器的出现改变着计算机，它们变得更小、更便宜，功能却更强大。纸上的信息被数字化，转换成可以在电脑上快速存储、搜索和使用的文件。20 世纪 70—80 年代，家用电脑 Apple II、ZX Spectrum、Commodore 64 开始出现。当时的计算机把程序和信息存储在磁带上，要好几分钟才能加载完成。现在的计算机里存储着几十个程序和数千个文件，仅需几分之一秒就能完成访问。

搜寻和救援

迷路？掉进陷阱？努力求生？在过去，灾难袭来时，人们只能寄希望于救援就在眼前。毕竟没有手机来发送信息，也没有卫星导航能引导救援人员迅速找来。救援队在道路崎岖的山区或者沿着岩石嶙峋的海岸线搜寻时，可能很难找到正等待救援的人。

实用直升机

常见的飞机必须飞得很快，这样机翼才会产生足够的升力，飞机才能飞起来。而直升机可以飞得特别慢，甚至能做到直上直下飞、悬停在半空中等。所以直升机非常适合飞往那些很难抵达的地方，放下救援物资和医务人员，或者把人从险境中吊运出来。

发明者：伊戈尔·西科尔斯基（1889—1972）

伊戈尔·西科尔斯基（Igor Sikorsky）出生在乌克兰基辅，12 岁时就制作了第一架直升机模型。1913年，他建造了世界上第一架四引擎飞机——俄罗斯勇士客机。移居美国后，西科尔斯基在 1939 年建造了VS-300 飞机，这是第一架由一组旋翼叶片提供动力的实用直升机。就像他所有的飞机设计一样，西科尔斯基坚持在其他人驾驶这架飞机之前，自己先完成了它的第一次飞行试验。1945 年，一架西科尔斯基 R-5 飞机在驳船沉没之前用绳索将 5 人吊运到安全的地方，完成了直升机在和平时期的首次营救行动。

工作原理

　　直升机发动机驱动旋翼桨叶旋转。桨叶的形状就像长而薄的飞机机翼。桨叶划过空气时，会产生升力，将直升机抬升到空中；桨叶向前倾斜时，空气会被向后推，直升机便向前移动。

发明：充气救生衣

　　早期的救生衣是用实心软木做成，或在面料中填充木棉纤维、泡沫材料制成。1928 年，彼得·马库斯（Peter Markus）发明了充气救生衣。这种救生衣很容易穿，上面配有微型高压二氧化碳气瓶。拉动充气阀上的拉索，救生衣就会被二氧化碳气体充满，漂浮在水面上。

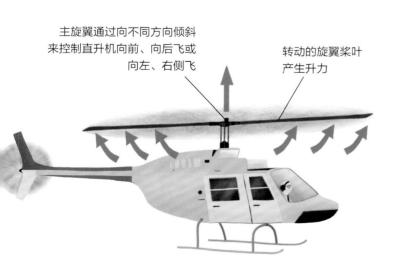

主旋翼通过向不同方向倾斜
来控制直升机向前、向后飞或
向左、右侧飞

转动的旋翼桨叶
产生升力

之前的生活

电视

20 世纪 30 年代早期，人们在家并没有电视可看。那时，家里可能只有一台体型庞大的电子管收音机，全家人聚在一起，收听为数不多的广播节目。人们看报纸和书来了解新闻和信息，或在电影院观看世界大事的新闻短片。忙完家务、完成作业后的空闲时间里，大家会在屋里或者屋外玩游戏，孩子们大多会玩一些木质或者金属玩具。

发明：电视机

1925 年，苏格兰工程师约翰·洛吉·贝尔德（John Logie Baird）第一次成功使用他发明的机器——电视播放移动画面。但是贝尔德的系统只显示有 30 条扫描线的图像（今天的高清电视有 1080 条）。20 世纪 30 年代，它被电子电视所取代，电子电视使用由阴极射线管构成的笨重玻璃荧光屏。

早期的观看

电视曾经是个带小屏幕的大盒子，价格高达年度工资收入的三分之一。这种电视每天要先花数分钟来做准备，之后才能显示极少几个节目的模糊的黑白图像。今天的平板电视要便宜得多，也大得多，可以全天播放，还能看数百个电视频道。

巨大的影响

　　电视不仅为人们提供娱乐，它还有教育和传递信息的功能，改变了许多人对世界的看法。来自全球各地的动态图像——从自然纪录片到现场体育节目、最新的世界新闻——可以传送到家里，还是有史以来第一次。看电视成为最常见的家庭休闲活动。如今，英国人平均每星期看电视的时间约为 27 小时，如果从 5 岁开始看电视，到 60 岁时看电视的总时间已经超过了 8 年。

发明：电视遥控器

　　在 20 世纪 50 年代电视遥控器发明之前，人们只能在电视机上更换频道、调整音量。第一个电视遥控器"懒骨头（Lazy Bones）"是在 1950 年发明的，它通过电缆和电视连接。5 年后尤金·波利（Eugene Polley）发明了无线遥控器"闪光灯（Flash-Matic）"。

急救处理

　　如果你是第一次世界大战（1914—1918）初期的一名参战士兵，一定要小心！在这次战争中，包含女性士兵在内约有800多万名士兵丧生，这太可怕了。除了子弹和炸弹，一些炮弹还含有会造成严重伤害甚至死亡的气体。今天很容易治疗的伤病，比如断腿或者失血，在当时可能都会导致死亡。无论受了什么伤，要想活下来都取决于医疗救治和避免感染——这在泥泞肮脏的战壕里和战场上很难做到。

发明：托马斯夹板

　　在战争的头两年，遭受股骨（上腿骨）骨折的士兵中有超过80%的人死去，并且大都死于感染。威尔士外科医生休·欧文·托马斯（Hugh Owen Thomas）发明了一种特殊的夹板，用帆布覆盖在铁框架上制成。它能使骨折的腿保持不动，并在不被感染的情况下有最大的愈合可能。到战争结束时，托马斯夹板让死于股骨骨折的士兵比例降至10%以下。

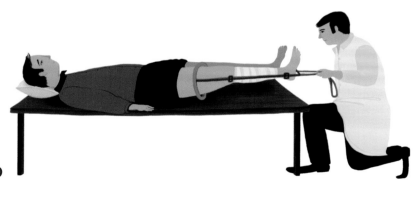

血库

　　第一次世界大战期间，由于没有大量可供输血的血液储备，许多人因失血过多而死亡。1917年末，美国陆军军官奥斯瓦尔德·罗伯逊（Oswald Robertson）建立了小型的"血液仓库"，用冰块保存血液。1940年，非裔美国外科医生查尔斯·R.德鲁（Charles R. Drew）发现血浆（血液的液体成分）比全血储存的时间更长。在德鲁的努力下，美国建立了第一批主要的血库。

发明：喷气发动机

英国工程师弗兰克·惠特尔（Frank Whittle）和德国科学家汉斯·冯·奥海因（Hans von Ohain）都在 20 世纪 30 年代发明了喷气发动机。和内燃机相比，喷气发动机产生的动力更大。空气经发动机的前部被吸入，在燃烧室中与燃料混合，之后被点燃。混合物燃烧会产生大量气体，气体膨胀，从发动机后部喷出，推动飞机向前飞行。

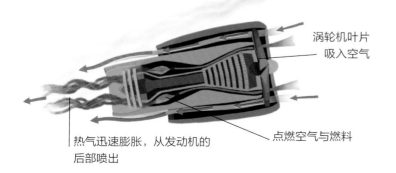

涡轮机叶片吸入空气

点燃空气与燃料

热气迅速膨胀，从发动机的后部喷出

货运飞行

随着体积增大、飞行距离加长，飞机成为极为有效的货运工具。2017 年，飞机运输的货物量约为 5600 万吨。航空信件和包裹的递送速度比陆运或海运快得多，新鲜食物从世界的另一端运过来也不会变质。

麻醉剂和消毒剂

　　想象一下，外科医生开始切割身体或者锯掉胳膊、腿时，被动手术的患者却完全清醒的样子。仅仅是疼痛和休克就足以致命，所以在麻醉技术和有效止痛药发明之前，手术只作为最后的治疗手段。患者如果能挺过手术的休克活下来，术后感染的风险仍然很高，因为手术常常是在肮脏的环境里进行的，使用的设备也不够卫生。

发现：新的止痛药

　　人们发现许多物质都对疼痛有麻痹作用，如一氧化二氮气体，它是英国化学家约瑟夫·普里斯特利（Joseph Priestley）在 1772 年首次发现的。氯仿于 1831 年被发现，并在 1847 年被苏格兰医生詹姆斯·杨·辛普森（James Young Simpson）首次用作麻醉剂。他用氯仿来缓解产妇分娩时的疼痛，这其中包括维多利亚女王。

发现：手术中的睡眠

　　全身麻醉会让病人进入可控制的睡眠状态，这样他们就感受不到手术的疼痛了。1846 年，美国牙医威廉·T. G. 莫顿（William T. G. Morton）率先使用乙醚作为全麻药品，当时他和两名外科医生演示了几台手术。此后，麻醉剂开始在世界各地广泛使用，复杂手术因此得以成功实施。

发现：微生物理论

在 19 世纪 60 年代，法国医生路易斯·巴斯德（Louis Pasteur）提出，像细菌和病毒这样的微生物会引起感染和疾病。而当时大多数人认为精神或不洁净的空气才是致病的原因。后来德国科学家罗伯特·科赫（Robert Koch）证明了像炭疽热（1876 年）和肺结核（1882 年）之类的疾病是由细菌引起的，之后微生物理论才作为科学事实被广泛接受。外科医生开始在手术前擦拭手和设备，以此来防止感染。

发明：辅助发动机

受到路易斯·巴斯德微生物理论的启发，英国外科医生约瑟夫·利斯特（Joseph Lister）开始用苯酚溶液清洗病人的伤口、浸泡绷带，苯酚是一种能减缓细菌生长的物质，结果发现术后感染减少了。利斯特制造了一个他称之为"辅助发动机"的泵，能在手术前和手术过程中把苯酚喷雾喷遍整个手术室。

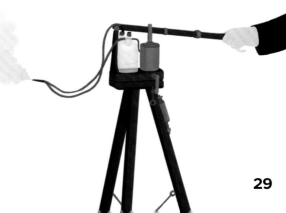

之前的生活
装配线

在 19 世纪，制造机器和其他复杂的物品非常耗时。一个熟练的工匠会从头到尾手工制作完整的产品，最后成品之间可能都有些细微差别，修理和更换零件就变得困难了。一个较大的物件，如火车发动机，可能需要多名工匠花上几个月才能造好，成本非常高昂。

可互换零件

法国枪支制造商奥诺雷·勃朗（Honoré Blanc）在 18 世纪 80 年代率先提出为枪制造标准化零件的想法。每个零件都可以提前制作，替换的零件要能很好地适配。勃朗的这一想法在 19 世纪广泛应用到多种产品中，包括打字机、早期的自行车以及缝纫机等。

装配线

1901 年，为满足人们对汽车的需求，兰塞姆·奥尔兹（Ransom Olds）将工人按他们细分的任务进行分组，并让一组人站在同一个地方。车架移动到一组工人面前，他们来完成自己应做的工作，之后车架再被拖到下一组工人面前。这是第一条汽车装配线，在实施该举措的当年，汽车产量由前一年的 425 辆增加至 2500 辆。

发明：移动装配线

美国汽车制造商亨利·福特（Henry Ford）进一步发展了奥尔兹的理念，他把 T 型车（Ford Model T）的组装过程分解为 84 个步骤，并训练工人每人只完成其中的一步。他用传送带沿着装配线自动传输半成品汽车，工人站在装配线旁的工位上重复着自己的工作。1913 年，福特在密歇根州建成了第一条移动装配线。T 型车车身的组装制造时间也由原来的 12 小时缩减至 93 分钟。

机械臂把金属部件焊接在一起

机器人的崛起

一些装配线上的工作，像接触高温金属、化学物质的工作，焊接或喷漆等工作，在机器人代替工人工作之前都是不大受欢迎的工种。第一个工业机器人尤尼梅特（Unimate），是由美国人乔治·德沃尔（George Devol）和约瑟夫·恩格尔伯格（Joseph Engelberger）研发的。1961 年，这台机器人在通用汽车公司的一家工厂安装运行，用于堆叠热压铸金属件。此后，成千上万的机器人进入工厂，以完美的精度执行喷漆、焊接和组装任务。

汽车

　　在汽车出现前，许多城市都被马粪问题困扰。公共马车、货车、板车等都是用马来拉动的，所以城市中有大量马匹。1880年，纽约大概有15万匹马，每天会在街道上产生约150万千克马粪。人们可以乘坐马车或者步行去旅行，大多还是要靠步行。如果附近有铁路，一些幸运的人也可以乘坐火车旅行。

发明：内燃机

　　1860年左右，比利时工程师让·约瑟夫·艾蒂安·勒努瓦（Jean Joseph Étienne Lenoir）发明了一种在金属汽缸内燃烧燃料的发动机，这是世界上最早商用的内燃机。1876年，德国自学成才的工程师尼古劳斯·奥托（Nikolaus Otto）改进了之前的设计，创造出第一台实用四冲程内燃机。内燃机被改造得小且轻，能为车辆提供足够的动力。

发明：汽车

　　1885年，德国工程师卡尔·本茨（Carl Benz）制造出第一辆由小型内燃机驱动的汽车"Benz Patent-Motorwagen（奔驰一号三轮车）"，最高时速为16千米。这辆三轮汽车没有方向盘，驾驶员通过操纵杆控制汽车前轮左右转动。1894年，本茨研发了四轮汽车"Benz Velo（奔驰韦洛）"，截至1902年共有1200多辆"Benz Velo"被制造出来，这款车被认为是世界上第一款批量生产的汽车。如今，世界上有超过12亿辆汽车行驶在各条道路上。

试驾中的小插曲

　　1888年，本茨的妻子贝尔塔（Bertha）驾驶"Benz Patent-Motorwagen"，载着他们的两个儿子从曼海姆前往普福尔茨海姆，全程189千米，这是世界上第一次长途汽车旅行。在回来的路上，她让一位修鞋匠用耐磨的皮革裹住汽车磨损的刹车装置——发明了第一个汽车刹车片。15年后，一位名叫玛丽·安德森（Mary Anderson）的美国女性发明了第一个能清除挡风玻璃上的水和污垢的雨刷。

工作中的发动机

　　空气和燃料（通常是汽油）从阀门进入发动机的汽缸，活塞在汽缸内向上移动，挤压空气和燃料形成的混合气，使其更热。汽缸顶部的火花塞产生电火花，点燃混合气。混合气燃烧时，会产生大量的热，缸内气体的温度和压力迅速升高，将活塞推回汽缸下部。曲轴将活塞的上下运动转换为圆周运动，从而驱动车轮旋转。

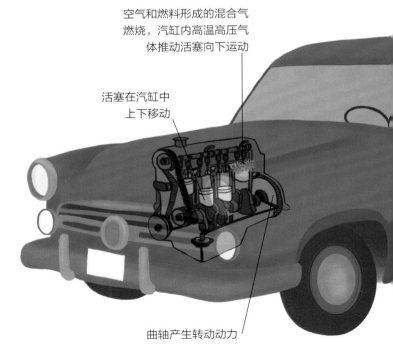

空气和燃料形成的混合气燃烧，汽缸内高温高压气体推动活塞向下运动

活塞在汽缸中上下移动

曲轴产生转动动力

之前的生活
电报和电话

　　飞奔的马匹看起来很快，但时速仅有 30—40 千米，根本无法与每秒能传播数千千米的电子邮件、短信或社交媒体发帖相比。然而几个世纪以来，快马是送达信件或消息的最快方式，要从美国的一端到另一端也要用上 10 天，或许更久。人们可以用烟雾信号来传递简单的信息，比如在山顶点燃烽火。18 世纪 90 年代，法国人克洛德·沙普（Claude Chappe）建立了信号塔系统，是用塔架上的木杆或由人举着旗摆出不同的形态来传递信息，每种形态对应不同的字母。

发明：电报

　　19 世纪 30 年代，美国人塞缪尔·莫尔斯（Samuel Morse）和英国人威廉·库克（William Cooke）、查尔斯·惠特斯通（Charles Wheat-stone）都建立了用电脉冲发送信息的电报系统。这些信号在电线上的传输速度远远快于物理信息的传输速度。

发明者：塞缪尔·莫尔斯（1791—1872）

　　塞缪尔·莫尔斯不仅建立了第一个电报系统，还建立了用短脉冲（点）和长脉冲（划）来代表不同英文字母的电码系统。熟练的电报员使用莫尔斯电码发报时，能以每分钟 50 个单词的速度快速敲出电报信息。

电报线路

　　电报系统极大地加快了新闻和信息的传播，截至 1860 年，仅美国的电报线路长度就超过了 8 万千米。6 年后，一条跨越大西洋的巨大电报电缆铺设成功。此后，原来在欧洲和北美洲之间需要用船花上几个星期才能送达的信息，在几分钟内就能发送出去并被接收到了。

发明：电话

1876 年，亚历山大·格雷厄姆·贝尔（Alexander Graham Bell）致力于改进电报的同时，发明了第一部电话。电话中的一个金属圆锥体能收集声波，然后将这种震动转化为电信号沿着电线传输出去。信号到达另一端的接收电话时，再通过扬声器转化成声音。在接下来的 5 年内，美国的电话数量超过 4.5 万部。到了 1900 年，全世界已有数百万部电话。接线员给电话交换台接入不同的电话线来连通通话线路。1878 年，艾玛·纳特（Emma Nutt）和斯特拉·纳特（Stella Nutt）这对姐妹成为了第一批女性电话接线员。

蒸汽火车

如果生活在 19 世纪，城市度假或者外出旅行就会很少。大多数人不去远行，因为交通实在是太慢了。无论是货运马车还是客运四轮马车行驶起来都慢腾腾的，而能运载更多货物的驳船走得就更慢了，和快步行走的速度差不多。要想吃到新鲜的食物只能是在产地附近，因为在经过长时间的长途运输后，这些食物就会腐烂。

发明：蒸汽火车头

矿山工程师利用蒸汽机的动力来驱动车轮，建造了最初的蒸汽火车头。1804 年，理查德·特里维西克（Richard Trevithick）设计制造的世界上第一辆大型、实用蒸汽火车头，在位于威尔士的潘尼达伦钢铁厂的有轨电车轨道上运行。此后蒸汽火车更多出现在矿山和钢铁厂，用来拉煤或岩石。

烟从烟囱里冒出来

锅炉喷出的蒸汽带动大飞轮转动，大飞轮带动车轮转动

车轮转动并沿着铁轨前进

速度提升

1829 年，为找到速度最快、安全性最高的蒸汽火车头，一场性能测试在英国举行。罗伯特·斯蒂芬森（Robert Stephenson）的"火箭号"轻而易举地胜出。次年，利物浦和曼彻斯特之间的第一条城际公共铁路开通，使用的就是斯蒂芬森的火车，最高时速为 48 千米。现今法国的高速列车（TGV）和日本的新干线时速可达 320 千米。

发明：泡沫与火焰的对抗

有一些火灾，比如油燃烧引发的火灾，不易被水扑灭。1902 年，俄罗斯的一名教师亚历山大·罗兰（Aleksandr Loran）发明了一种泡沫，覆盖在燃料上能阻止氧气到达火焰，从而使火焰熄灭。人们现在用的喷洒泡沫或者水的灭火器，是一种使用压缩空气的小型钢瓶。1813 年，英国发明家乔治·曼比（George Manby）发明了第一个铜制手提式灭火器。

消火栓

要想扑灭大火，需要大量的水才行。在过去，通常由"水桶队"为消防员供水，也就是由一条从水井或者池塘延伸开来的"人链"传递装满水的水桶。地上柱式消火栓始建于 19 世纪。这种消火栓和城镇的总水管连接，消防员把软管接在上面以后就有水持续不断地流出来。

纺织工业

过去，对大多数人来说，时尚潮流、衣服的剪裁和款式变化，以及每天穿什么都不需要考虑。由于布料昂贵，除了很富有的人以外，人们通常只有几件衣服。在农村，布是以家庭作坊的形式手工织成，所以把布织好是很费时的。需先用一架简单的手摇纺车把羊毛或棉花纺成长长的线。再把纱线染好色，然后用手摇织机把一根根纱线织成布。要织好一米长的布可能要花上几个小时。

发明者：理查德·阿克赖特（1732—1792年）

18世纪60年代，英国假发制造商理查德·阿克赖特（Richard Arkwright）发明了水力纺纱机。这种纺纱机利用水车驱动机器，能够同时织出大量的线。1771年，阿克赖特和他的商业伙伴在克伦福德建立了一家纺织工厂。后来他引入蒸汽机来驱动纺纱机。到1800年，英国约有900家大型纺织厂，它们使用水力纺纱机和动力织布机生产了数百万米布料。

发明：动力织布机

1785年，英国牧师埃德蒙·卡特赖特（Edmund Cartwright）发明了机械织布机，它先由水车后来靠蒸汽机驱动。这种机器织布的速度比手摇织机快得多。多位工程师对卡特赖特的发明进行了改进，到1850年，仅在英国就有超过25万台动力织布机在运行。

发明：轧棉机

随着纺织业的繁荣，对原材料——特别是棉花——的需求激增。摘下来的棉桃需剥掉棉籽，留下棉绒做原料，这项工作要花费很长时间——一个工人每天只能清理不到一千克棉花。1793年，美国的伊莱·惠特尼（Eli Whitney）和凯瑟琳·格林（Catherine Greene）发明了轧棉机。这台机器安装着带铁齿的钢滚筒，滚筒转动起来，铁齿就把棉纤维撕扯下来，带进格栅缝中，棉籽便留在格栅外。使用轧棉机以后，每天清理棉花的量是之前的50倍。

工厂的影响

所有这些创新意味着可以生产比以前多得多的布料。在印度和美国等棉花种植国，英国和法国等布料生产中心，贸易和港口都在蓬勃发展。纺织业逐渐发展成为一个庞大的产业，成千上万人从农村迁移到了港口和纺织厂所在的城镇里工作。

厕所和卫生设施

过去，在城市里生活远不如现在这样卫生，简直是臭气熏天。由于没有污水管道能把排泄物从家中运走，人们上厕所时要使用便壶。人们会把排泄物倒进河里、粪坑里，或者打开住着的楼房的窗户泼到街上……下边的人可要小心！人们不得不把满是粪便的粪坑清空，把恶臭的排泄物运到农场做肥料。附近的池塘和河流经常被排泄物污染，成为疾病的滋生地。

冲水成功

早在 4000 多年前就已经有古代文明修建了厕所和污水处理系统。印度河流域的城市用石头和泥砖建造厕所。水沿着马桶下面的沟渠或陶土制成的管道流动，将粪便带出房屋和城市。古罗马建有公共厕所，人们在里面坐成一排。他们不用厕纸，而是用缠在棍子末端的海绵来擦拭。

发明者：约翰·哈林顿爵士

16 世纪 90 年代，约翰·哈林顿爵士（Sir John Harington）发明了一种名为阿贾克斯的冲水马桶，还把它送给了自己的教母，也就是伊丽莎白女王一世。拉动水箱拉杆时，里面的皮质盖子会打开，水流出来，把排泄物从马桶里冲出，使其顺着管道流走。

发明：弯管

约 200 年后，冲水马桶得到改进，进而流行起来。1775 年，苏格兰钟表匠亚历山大·卡明（Alexander Cumming）发明了一种冲水马桶，在马桶的便池下面安装一根弯成 S 形的管道。冲水时净水会存在弯管中，这样就能阻隔污水管道中的臭气，不让臭味传入厕所。

发现："洁净"的思考

19 世纪的科学家越来越关注不干净的水是如何引发疾病的。1855 年，英国科学家约翰·斯诺（John Snow）发表论文详细阐释霍乱是怎样通过脏水传播的。此后，许多城市开始把污水和清水分开处理，修建了专门的污水管网运输污水。因此，伤寒、霍乱和痢疾等流行性疾病不常暴发了，人们更加健康，也更长寿。

印刷术

　　听着！在高速印刷技术出现以前，人们收到的消息或指示大多是口头形式的。消息可能张贴在拥挤的广场上，或者由传达消息的公告员大声宣读出来。只有少量的书被制作出来，并且大多由抄写员或僧侣手写而成。这些书很昂贵——价格比当时一个做工的人一年的工资还要高。结果，新闻、科学发现和最新的知识往往传播缓慢。

发明：活字

　　1000 多年前，中国人首先发明了雕版印刷技术。北宋时期，毕昇发明了泥活字印刷术，后来又发展出木活字印刷术和金属活字印刷术。印刷术传到古代高丽以后，金属活字印刷术得到进一步发展。泥活字印刷术就是先在胶泥上刻出反体单字，用火烧硬后做成胶泥活字，再把胶泥活字放在铁框里做成一版，然后在版上涂墨，把纸压在上面就印完了这一页。可以用同样的方法印制不同的页面，这样复印书的速度比手写要快得多。木活字、金属活字印刷和泥活字印刷在原理上一致。

印刷术传到了欧洲

　　1450 年左右，曾做过铁匠的德国印刷商约翰·谷登堡（Johannes Gutenberg）把活字印刷术引进到了欧洲。他改造了压榨葡萄和橄榄的农用机器，制造出印刷机。他还发明了一种易粘在纸上的油墨。尽管印刷机的发明没能使他变得更富有，活字印刷术却在欧洲迅速传播开来。

蒸汽驱动

1812 年，德国人安德烈亚斯·鲍尔（Andreas Bauer）和弗里德里希·柯尼希（Friedrich Koenig）发明了一种高效的、用蒸汽驱动的印刷机。1814 年，人们首次使用这种印刷机印刷《泰晤士报》。从 19 世纪 60 年代开始，平装书开始流行，书和报纸的生产成本越来越低。

发明：给盲人读的书

1824 年，法国盲人少年路易斯·布拉耶（Louis Braille）发明出一套独特的书写系统。他用以不同方式组合的凸点（凸点的数量小于等于 6）来代表不同的字母或数字。把盲文印到纸上，视障人士可以用指尖触摸凸点，享受阅读的乐趣。

h e l l o （你好）

火药

　　1000 年前，一支军队包围了一座城堡。如果城墙坚固，围城要持续几个星期甚至几个月。没有火药，军队可以使用的最致命的武器就是攻城机械——一些木制的机器，比如用来投掷石头的投石器，或者用来攻破城堡大门的攻城车。士兵们可能配备了剑、矛、弓和箭，但攻城机械和这些武器都不是坚固石墙的对手。

发明：黑火药

　　中国古代的炼丹术士在炼制丹药的过程中发现了制造火药的配方，火药因而得以发明。把硝石与木炭、硫磺混合，得到的黑色粉末就是火药。火药点燃后燃烧得非常猛烈，最初被用来制造火药箭。加入更多的硝石以后，这种粉末就会爆炸。到了宋代，中国士兵开始使用装有火药的竹筒向敌人发射箭或锋利的金属碎片。

爆炸

　　人们在和平时期也会使用火药。1627 年，匈牙利工程师卡斯帕·魏因德尔（Caspar Weindel）把火药装进在岩石上钻出的洞里，炸开了岩石。这种用来炸开岩石的技术被广泛应用于采石及采矿行业。

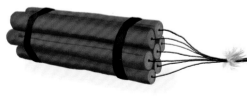

发明：大炮

到了 14 世纪，一些欧洲军队开始在战场上使用大炮。火药点燃后产生的能量通过这些巨大的铜质或者铁质炮管，将沉重的石头或者金属球猛烈地发射出去。

城墙克星

1453 年，奥斯曼帝国的军队进攻君士坦丁堡时使用了巨大的青铜大炮，这是由一位名叫欧尔班（Orban）的匈牙利工程师制造的。大炮击垮了城墙，奥斯曼军队赢得了胜利。突然之间，城堡和厚厚石墙保护下的城市都不再安全了。

指南针

　　几千年以前，水手的生活是相当危险的。如果驾驶的是木船，它看起来很坚固，但没有全球定位系统、指南针、无线电或者精确的地图和海图，水手可能很难找到航线。航行时间多半很短，而且通常是在白天，在靠近海岸的地方航行，这样水手就可以看到沿岸的地标。一些水手尝试过跟踪鸟群，或者利用夜空中星星的位置来推算他们航行的方向。许多船只最后还是迷了路，有些永远也到不了目的地。

发明：罗盘

　　地球被磁场包围着。当磁铁自由摆动时，它的北极一端总是指向北方（地理北极）。中国科学家在2000多年前发现了一处出产磁石的磁铁矿，进而发现了这一现象。中国古代的建筑师还会用由打磨成勺子形状的天然磁石做成的罗盘来测量住宅或者寺庙的风水。

指南针

　　在近1000年的时间里，指南针并没有被应用于船上。中国商船和之后的阿拉伯及欧洲船只上使用的指南针，最初是这样做成的：把铁针和天然磁石摩擦，变成人造磁体，再把铁针放在一根稻草上，使其漂浮在一碗水里，针便会指向北方。

发明：航海星盘

15 世纪时，水手们使用黄铜星盘来测量船只与太阳或者夜晚的星星之间的角度，来确定船所在的纬度，进而判断船向北方或者南方航行的距离。今天，船舶使用包括无线电在内的多种电子仪器来与港口沟通，时刻知道自己的精确位置。

大发现时代

指南针和星盘的发明和使用，推动亚洲及欧洲进入海上探索时代。1498 年，葡萄牙探险家瓦斯科·达·伽马（Vasco da Gama）开辟了一条海上航线，可以从欧洲出发绕过非洲进入印度洋和南亚的部分地区。西班牙水手横跨大西洋，发现了加勒比海和中美洲的许多岛屿。后来的探险把许多新的食物带回了欧洲，包括马铃薯、菠萝和番茄等。

纸

在纸未被发明的时代，人们会在各种材料上写字和画画——从木条、扁平的棕榈叶到泥板、碎陶片及昂贵的丝绸。古罗马的学生经常在涂了蜡的木板上写字。他们用带尖头的笔在蜡上刻字。古代的学校使用的也不是"书"，而是卷轴，而且卷轴也很罕见。这些卷轴是由莎草纸卷成的，而莎草纸是纸莎草的内茎薄片经捶打、晒干做成的长纸。

发明：纸

纸是由中国人发明的。据记载，最著名的造纸者是一位名叫蔡伦的中国汉代官员，他在公元105年改进了造纸技术。用这种技术造出的纸比其他书写材料更轻、更便宜，工艺更简单。因为这种纸质量很好，中国人曾把造纸技术作为秘密保守了多年。后来，造纸技术传播到越南、朝鲜半岛和日本。在8世纪左右，这项技术已传播到了阿拉伯世界，并得到了改进。几个世纪后，造纸技术经阿拉伯世界传入欧洲。

造纸

早期的造纸技术是先把树皮、麻头等植物纤维与碎布一起浸泡在水中，再把这些纤维捣成湿浆，之后将这些湿浆过滤，放在捞纸器上压成湿纸，最后把湿纸挂起或者铺开，在阳光下晒干。这样，一张纤维相互交织的纸就做好了。这种纸纸质柔韧，易于书写。

钱，钱，钱

中国古代把用绳子串起的铜币作为货币。或许因为铜币携带起来非常笨重，商人和其他富人就把它们交给自己信任的人，同时会拿到一张凭据，凭据承诺他们还能够取回自己的铜币。1023 年，北宋朝廷开始发行类似的印在纸上的票据，称为"交子"。这是世界上最早的纸币。

厕纸

中国人还发明了厕纸。从公元 6 世纪开始，中国人开始使用厕纸。虽然有了厕纸，一些生活贫困的人仍然使用布、叶子、玉米芯、木片或竹片（厕筹）等作为如厕后的清洁用品。直到 19 世纪 80 年代，第一卷厕纸才问世，是由一家美国公司生产的。如今，每个英国人每年使用的厕纸多达 110 卷。

建筑机械

人们想要从古埃及的建筑工地上把自己的朋友找出来是很困难的，因为有成千上万的人在那里工作。那时没有起重机和推土机这样的大型建筑机械，所有的工作都得靠手工来完成：切割、打磨巨大的石块，把它们拖拽到指定的地点来建造庙宇和金字塔。胡夫金字塔是吉萨金字塔群中最大的一座，由约 230 万块石灰石砌成，每块石灰石重达数吨。真是令人惊叹！多么巨大的工作量啊！建造这些高大建筑物的人，他们自己的房子则小得多，也简单得多，通常是用在太阳底下晒干的土坯建成的。

发明：起重机

大约在 2600 年前，古希腊人发明了最初的起重机，用来提起重物。他们使用木质框架和多条绳索把石块提起来，又快又省力。古罗马的工程师们为了提起更重的重量，发明了多滑轮起重机。这些巨大的木制起重机是由人踩动踏板进而转动踏轮来驱动的，能够提起的重量可达 6000 千克。

发明者：阿基米德
（公元前287年—公元前212年）

古希腊思想家和发明家阿基米德（Archimedes）被认为是发明滑轮组的第一人。滑轮组是把绳索缠绕在一组滑轮上做成的，拉动绳索时绳索移动的距离会增加，提起重物所需的力会减小。把这种滑轮组安装到起重机上，再用牛等动物来拉动起重机，就能举起更重的重量。

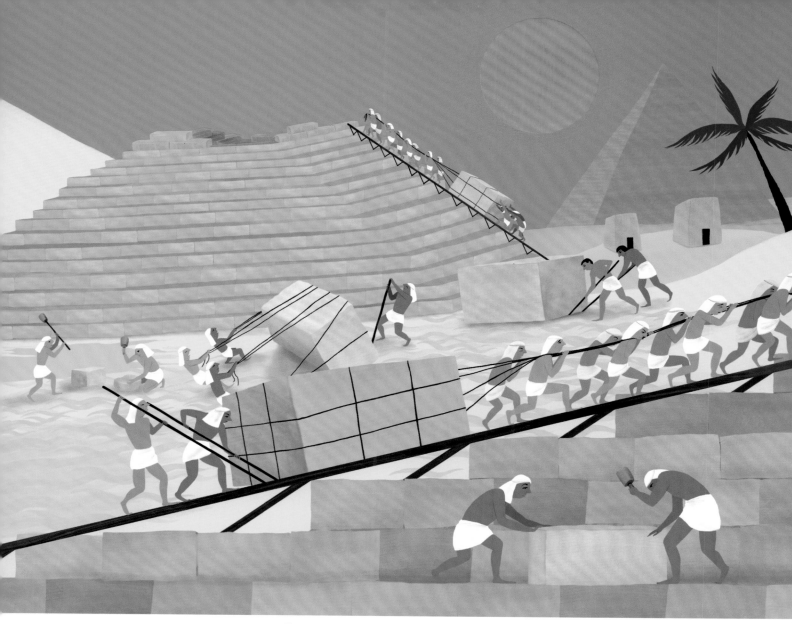

发明：混凝土

混凝土是用水泥把碎石或卵石黏合在一起构成的混合物。许多古代文明都发现并使用了混凝土。然而，是古罗马人在公元前200年发现，添加火山灰可以使混凝土更坚固、更防水。

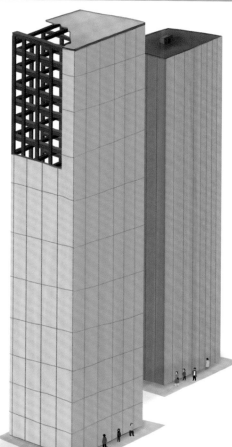

现代材料

19世纪50年代，亨利·贝塞麦（Henry Bessemer）发明了一种工艺，可以廉价、大批量生产硬钢。此后，钢成为一种常见的建筑材料，既可以用作高层建筑的构架，也可以把钢筋和混凝土做成更加坚固的钢筋混凝土来使用。有了钢筋混凝土和钢质构架，高耸的摩天大楼才第一次建成。

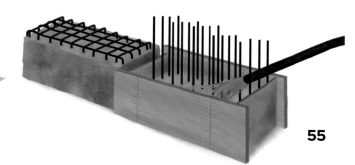

车轮

几千年前，运输可真是一项累人的工作。像木柴或者收获的庄稼之类的重物，需要人们背着或者用绳子在地上拖着来运。即便有壮实的动物出力，比如牛，搬运像石块或者树干之类的重物也还很困难、缓慢，让人筋疲力尽。因此，很多东西根本无法远距离运输。

轮子的出现

5500 多年前，生活在美索不达米亚的人们发明出最早的用来制作陶器的轮子。人们用手转动轮子，把黏土塑形成罐子。然后有个聪明的家伙想出了一个主意，把两个制陶工用的轮子翻过来放在一起，让它们绕着同一根轴转动。结果发现这台机器能在地上滚动而不是滑动，产生的摩擦力（一种使物体减速的力）减小了很多。

马车

大约从公元前 3150 年开始，装有成对轮子的马车突然在中东和欧洲流行起来。用像牛这样的牲畜来拉车，能很轻松地运输大量货物。

冲啊！

最初的轮子由实心的、沉重的木板做成。大约在 4000 年前，人们发明了带辐条的轮子。人们因而能够制造重量更轻的车轮和速度更快的车辆。大约 3700 年前，希克索斯人和赫梯人之间爆发的战争中使用了由疾驰的马匹拉动的两轮战车。

发明：轮胎

几个世纪以来，木制或者金属车轮都没有什么变化。它们转动起来挺顺畅，就是坐在安装着这种车轮的车上会觉得很颠簸。1845 年，苏格兰工程师罗伯特·威廉·汤姆森（Robert William Thomson）发明了一种充气橡胶轮胎。但直到 43 年后约翰·博伊德·邓禄普（John Boyd Dunlop）开发出另外一种充气轮胎，充气轮胎才流行开来。当车辆行驶在不平的路面上时，充气轮胎能够吸收颠簸和震动，使旅途更加舒适。

农业

在约 1.5 万年前，不仅没有超市、咖啡馆，甚至没有种植庄稼、饲养动物的农场。人们可以吃浆果，希望它们没有毒性，还可以大把地吃美味的昆虫。呃！人们只需使用石头或者把削尖的树枝当作矛来用，就可以捕鱼或者打猎，捕捉大大小小的动物，甚至是巨大的猛犸象。生活总是随着季节的变化而变化，人们要随着逐草而生的动物的迁徙搬到新的地方。

第一批农民

1 万多年前，人们开始捕捉幼小的野山羊、野猪和野绵羊。他们驯养这些动物以满足对肉和奶的需求。在中东及其他地方，人们开始播种，种植了小麦、鹰嘴豆和大麦。随着农耕的开始，人们的生活方式发生了变化，在一年中大部分或全部时间里都待在同一个地方。

发明：犁

很久以前，生活在美索不达米亚的人们把木头捆扎在一起做成犁来耕田。这种犁由牛等动物拉动，其原理是用一端有尖的木头在地上犁出一道长长的沟，这道沟非常适合播种。有了犁，耕种的土地面积更大了，播种的庄稼更多了，能养活的人口也随之增加了。

发明：连枷

古代的人学会了把像小麦粒和大麦粒这样的谷粒碾磨成面粉，用来制作面包。大约 5000 年前，人们发明了连枷，在此之前，把谷粒从植株上弄下来是一项耗时又繁琐的工作。连枷是用链条或者皮带把两根木棒连接起来做成的，通过敲打庄稼，把谷粒从植株上打落。和连枷比起来，一台现代的联合收割机能多打几千倍的谷物。

灌溉

早期的农民依靠雨水或者附近泛滥时漫过堤岸的河水来灌溉庄稼。生活在约 8000 年前的苏美尔人（居住在现在的伊拉克共和国境内）开始挖掘沟渠，把水从河流引到农田。后来，水被存储在更远的池塘和水库中，以备缺水时使用。灌溉使得越来越多的土地能够种植庄稼，特别是在炎热干旱的地区。

进入未来

看看人类走过的历史！与地球的全部历史相比，人类只用了很短的时间就学会了如何塑造环境，制造令人难以置信的材料和机器，以多种方式生活、工作、旅行和娱乐。想想如果没有本书中讲到的每一项发明及发现，人们的生活将会多么不同啊！

然而，发明和创新的故事远未结束。今天，科学家、工程师及敏锐的发明家们正在研究可能会改变你明天生活的产品和工艺流程。

我们不能确定未来会带给人类什么，但可以期待在未来的日子里看到许多进步。你可能会看到以环保方式驱动的令人兴奋的智能汽车，用令人惊叹的新材料建造的建筑，以及城镇和城市中应用的先进的机器人和其他智能设备。无论未来会带给我们什么，它都将建立在过去取得的所有重大突破的基础上。你的生活离得开哪项发明呢？

术语表

麻醉剂
一种医生在手术过程中用来减轻病人疼痛感的物质。

细菌
一种能够生活在不同环境中的微小单细胞生物。很多细菌是有益的，且存在于人体内；还有一些会引起疾病。

锅炉
一种把水加热获取热水或者蒸汽的装置。

容量
在计算机技术中，存储卡或者其他存储设备所能存储的数据量。

燃烧
就是着火。这是一种有燃料和氧气参加的化学反应，会产生火花，同时释放大量的热能和光能。

污染
脏物或者有害物质进入某物中，使其不再纯净。

浮雕
在物体或其表面模压、按压或者印上某种图案，并使其凸显出来。

蒸发
液体变成气体或者蒸汽的过程。

实验
采用科学方法去试验新想法、技术或者发明的过程。

摩擦力
阻碍物体相对运动（或相对运动趋势）的力。摩擦力通常会减缓运动着的物体的速度。

GPS
全球定位系统的缩写，由一系列围绕地球转动的卫星组成，为人们提供地球表面的精确导航信息。

感染
细菌或者其他有害微生物侵入人体，引起疾病。

内燃机
燃料、空气或氧气在燃烧室里燃烧时能产生动力的发动机。许多机动车使用的汽油发动机就是内燃机。

灌溉
由沟渠和水库组成的系统，为农田供水以促进作物生长。

火车头
用于牵引或推送火车车厢。

导航
引导车辆、船只、行人等找到路。

活塞
在发动机汽缸内往复运动的机件。

编程
在计算机技术中，编写一系列由计算机或者其他数字设备执行的指令的过程。

机器人
能够在很少人或没有人监督的情况下，自动执行一系列复杂任务的机器。

卫星
绕地球运转并执行各种任务的人造机器，能绘制地球表面图像、传送计算机数据和电视信号等。

吨
1 吨等于 1000 千克。

输血
向人或动物体内注入一定量的新鲜血液的过程。

晶体管
可以充当开关或者放大器的微小电子元件。数百万个晶体管可以被压缩在同一个微芯片上。

水车
用水流来提供动力的机械装置。

焊接
用高温熔化金属工件表面，把两块金属工件连接到一起的技术。

时间线

公元前 3150 年
最早的带轮马车在欧洲和中东的部分地区制造。

公元前 500 年
古希腊人发明了起重机。和之前相比，这些机器要把重物举起来会更容易。

公元前 200 年
古罗马人发现用火山灰可以做成一种坚固耐用的混凝土。

公元前 100—200 年
古代中国人发明了指南针，它使用磁石来指北。

105 年
一个叫蔡伦的中国官员，改进造纸术，制造出用来书写的纸。

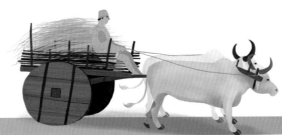

1806 年
汉弗莱·戴维发明了第一盏弧光灯。

1813 年
英国发明家乔治·曼比发明了第一个手提式灭火器。

1824 年
法国人路易斯·布拉耶为视力受损的人发明了盲文书写和阅读系统。

1830 年
使用蒸汽火车运送乘客和货物的第一条城际铁路在曼彻斯特和利物浦间开通。

1837 年
美国的塞缪尔·莫尔斯和英国的威廉·库克、查尔斯·惠特斯通发明了用于发送和接收信息的实用电报系统。

1888 年
约翰·博伊德·邓禄普发明了实用充气轮胎，它用橡胶制成，内部充满空气。

1901 年
英国的休伯特·塞西尔·布斯制造了第一台由电机驱动的真空吸尘器。

1903 年
奥维尔·莱特和威尔伯·莱特用一架比空气重的飞机实现了第一次持续飞行。

1910 年
法国工程师乔治·克劳德研发的霓虹灯首次在公共场所使用。

1913 年
亨利·福特在美国建成第一条大规模生产汽车的移动装配线。

1961 年
第一个工业机器人尤尼梅特，开始在美国的一家汽车工厂工作。

1964 年
第一列新干线高速子弹头列车开始在日本东京站和新大阪站之间运行。

1971 年
英特尔公司的特德·霍夫和同事一同努力，研发出微处理器——集成在一个小芯片上的完整计算系统。

1978 年
美国发射第一颗全球定位系统试验卫星。

1983 年
第一款由美国电子公司摩托罗拉生产的手机上市。

1450 年
约翰·谷登堡制造出欧洲第一台活字印刷机。

16 世纪 90 年代
英格兰的约翰·哈林顿爵士发明了一种带水箱的早期冲水马桶。

1785 年
英国的埃德蒙·卡特赖特发明了机械织布机，提高了织布速度。

1793 年
伊莱·惠特尼和凯瑟琳·格林发明了轧棉机，清除起棉籽比手工方式快得多，加快了棉线生产的速度。

850 年
火药在中国发展起来，起初用来做烟花，后来逐渐用于制造武器。

1856 年
英国发明家亨利·贝塞麦发明的生产坚固、廉价钢材的贝塞麦工艺，获得专利。

1868 年
纽约志愿消防员丹尼尔·D.海斯发明了10米高、用于消防车的云梯。

1877 年
第一条商业电话线路投入使用，由取得电话专利的亚历山大·格雷厄姆·贝尔授权。

1885 年
卡尔·本茨制造了第一辆由内燃机驱动的汽车。

1885 年
用钢材和混凝土建造的第一座现代摩天大楼在美国芝加哥落成。

1928 年
亚历山大·弗莱明发现青霉素，它是世界上第一种抗生素。

1938 年
德国人康拉德·楚泽发明第一台可编程计算机"Z-1"。

1945 年
西科尔斯基 R-5 直升机完成第一次直升机救援，从一艘正在下沉的驳船上救出5人。

1949 年
世界上第一架喷气式客机"DH 彗星号"完成了首次测试飞行。

1957 年
苏联成功将第一颗人造卫星"斯普特尼克一号"发射至太空。

1925 年
约翰·洛吉·贝尔德用他发明的机械电视机播送了第一批移动画面。

1984 年
遗传学家亚历克·杰弗里斯发明了 DNA 指纹识别（DNA 分析）技术，现在该技术被用于刑事侦查。

1991 年
万维网的发明者蒂姆·伯纳斯·李创建的世界上第一个网站上线。

1998 年
斯坦福大学的谢尔盖·布林和拉里·佩奇推出了他们的搜索引擎"谷歌（Google）"。

2005 年
世界上最大的客机空客 A380 从法国起飞，进行了首次客运飞行。

2008 年
苹果系统和安卓系统都开设了应用商店，用户可以把有用的应用程序下载到智能手机或平板电脑上。

索　引